猫猫治好了我的精神内耗

看不见的项圈

［泰］柴亚派特 著
徐明莺 译

大连理工大学出版社

Copyright © Athingbook
Original Thai edition © AS MEDIA CO., LTD.
Simplified Chinese edition © 2025
The simplified Chinese translation rights arranged through Rightol Media in Chengdu.
本书中文简体版权经由锐拓传媒取得 (copyright@rightol.com)

著作权合同登记号 06-2024 年 第 277 号

图书在版编目（CIP）数据

猫猫治好了我的精神内耗. 看不见的项圈 /
(泰) 柴亚派特著；徐明莺译. -- 大连：大连理工大学出版社，2025. 7. -- ISBN 978-7-5685-5721-4
Ⅰ. B842.6-49
中国国家版本馆 CIP 数据核字第 2025G4J188 号

猫猫治好了我的精神内耗：看不见的项圈
MAOMAO ZHI HAO LE WO DE JINGSHEN NEIHAO : KANBUJIAN DE XIANGQUAN

策划编辑	海迎新		
责任编辑	海迎新	**责任校对**	邵 青
责任印制	王 辉	**封面设计**	刘润孟

出版发行	大连理工大学出版社		
地　　址	大连市软件园路 80 号	邮政编码	116023
邮　　箱	dutp@dutp.cn	电　话	0411-84708842　84707410（营销中心）
网　　址	https://www.dutp.cn		0411-84706041（邮购及零售）

印　　刷	大连天骄彩色印刷有限公司				
幅面尺寸	130mm×187mm	印　张	5	字　数	100 千字
版　　次	2025 年 7 月第 1 版	印　次	2025 年 7 月第 1 次印刷		
书　　号	ISBN 978-7-5685-5721-4	定　价	48.00 元		

本书如有印装质量问题，请与我社营销中心联系更换。

你觉得自己真的幸福吗?
你的幸福又从何而来?
随着社会的进步,生活变得越来越便利,
但似乎,找到幸福却变得更加困难。
那些曾经轻而易举就能获得的简单快乐,
为什么现在却如此遥不可及?

有时候,看着一只猫在体验幸福的瞬间,
我们仿佛能从中窥见幸福的本质。
人类难道真的无法像猫一样轻松地找到快乐吗?
让我们从一只猫的视角,
重新审视我们的幸福吧!

目录

引子	01
01	
教训	10
满月	14
影子	18
人生苦短	22
情绪的奴隶	26
立场	30
完美的白纸	34
02	
天空的秘密	42
学会放下	48
看不见的项圈	52

03

章节	页码
记忆与感受	58
悲伤的种子	62
因果法则	66
有趣的痛苦	70
祈愿	74
平常之事	80
摄魂相机	84
一首曲子	88
适量饮酒	92
阳光	98
看不见的事物	102
"没有"二字	106
言语	108

插画师手记

后记

可爱的孤独

硬币的两面

过桥

工作

家

身边挚爱

何为幸福？

04

116　120　124　128　132　136　140　　146　153

引 子

"幸福……真的那么难吗?"

幸福真的难以企及吗?
为什么有些人似乎什么都没做,却依然幸福?

很多时候,我们都不曾察觉幸福就在身边。
我们似乎常常忘记:
我的幸福,真的需要以这种方式去实现吗?
还是说,这只是我的一种想象,
以为必须追随他人,才能找到幸福?

什么才是属于我真正的幸福?
我又该如何实现幸福?

仅仅靠模仿他人，
便能获得幸福吗？

只是随波逐流，
真的能带来喜悦吗？

为什么幸福必须如此复杂？
为什么它必须如此令人穷追不舍？
为什么我们总觉得需要模仿他人？
我们是否曾停下来，问过自己这些问题？

从过去到现在,
人类幸福的标准从未一成不变。
幸福随着社会的变迁与欲望的转变而发生改变。

社会向我们定义了幸福的模样。
社会宣传什么会带来快乐。
而这些总是被轻易接受,无人质疑——
"哦,这一定就是幸福,
从现在开始,这些东西会带给我快乐。"

我们或许未曾察觉这有多奇怪,
或许以为这种标准再正常不过。
但对于像我这样的猫来说,
越看越觉得不可思议。
人类那奇怪的幸福,
连一只猫都感到困惑不解。

正如你所见,
我只是一只猫。
一只简单、平凡,却能轻易找到幸福的猫。
一只始终无法搞懂人类的猫……
为什么人类会觉得幸福如此难以企及,
明明幸福早已在那里,什么都不需要做。

人类的生活条件，
已然得到了巨大的改善。
如今，他们有无数职业可选择，
能够成为比以往更多样的存在。

有些人成为医生、护士、商人，
有些人成为企业家、演员、会计师。
但无论他们成为什么，
无论他们做什么，
最奇怪的莫过于——
人类往往无法忠于自我。
更糟糕的是，他们甚至未曾察觉到这一点。

猫或许被视为什么都不懂的动物,
或许只被人类当作宠物。

但像我这样的猫,忠于自我,接纳本真,
因此幸福对我来说轻而易举。

为什么人类不能做回自己?
为什么人类会不自觉地模仿彼此?
为什么他们要为幸福设下如此多的条件?
"让事情变得复杂,幸福便难以触及。
这就是人类的幸福之道。"

教训

我躺着就觉得很幸福。
对我来说,睡觉是最重要的事情。

我们可以整天懒洋洋地躺着,
不管是真睡还是假寐。
只要能躺着,我们就满足了。

今天又是慵懒的一天。
醒来了,却懒得去任何地方。
于是我仍躺在原来的位置,
看着其他猫和人来来往往。
其实,你知道吗?
只是这样躺着看,也是一种学习的方式。

我觉得其实这很惬意。
我们不必亲自犯错才能学习。
我们可以看着别人犯错,
看着别人痛苦,然后从中吸取教训。
这样的学习无处不在——
我们无须刻意去寻找。

那是塔姆，这附近的一只猫。
今天早上，它跳上一座屋顶，立刻摔了下来，
因为那屋顶又陡又滑。

从这件事中，我学到了一点：
永远不要跳上那座屋顶。
这就是我所谓的"向其他猫学习"。

观察人类的时候也是一样,
我也能从中学到一些东西。

人类的寿命虽然比猫长,但依然短暂。
无论寿命多长,也不过百年而已。
可他们却活得像永生不死一般——
没完没了地工作赚钱,
做事一拖再拖,仿佛时间永远用不完。
这样的例子比比皆是。
但奇怪的是,人类似乎从不吸取教训。
或者说,他们知道这些道理,却从未真正明白。
一次次重复着同样的事情,随心所欲地行事。

"他人之苦,尽在眼前,你却漠然置之;
直至自身受苦,方知痛楚。"
这就是所谓聪明的人类的思维方式吗?
喵……

满月

落日西沉的刹那,
月亮便缓缓升起,
原本漆黑的夜晚,漫开温柔的月光。
这便是夜晚的魅力。

今晚的满月格外美丽——
美到连我这样一只猫都忍不住抬头仰望。

夜晚,
大多数生物都已沉沉入睡。
白日的喧嚣渐渐散去,
回归宁静。
对于像我这样仍清醒的猫来说,
这是一天中最放松的时刻。

对我来说，
月亮就像幸福。

有时候，我们可能看不见幸福，
但这并不意味着它消失了。
幸福一直都在，
只是我们未必能看得到它。

就像月亮一样。
太阳的光芒太过耀眼，掩盖了月亮的身影，
但它一直在那里。

月亮从未消失，
只是在忙碌的白天
我们看不到它。

当我们的内心归于平静，
当喧嚣散去——就像在夜里——
我们才能找到幸福。
那是我们能看到月亮的时候。

幸福从未消失,只是我们看不见它。

影子

影子,
是光线被物体阻挡时产生的。
影子只是其他事物的反射,
它没有形状,没有自我。
影子只是对真实事物的模仿,
影子永远只能是影子。

但作为一只猫,
我对影子的看法却有所不同。
影子试图教给我们许多东西。
影子或许只是影子,
但它并不仅仅是影子。
其中隐藏着深意。

影子总是在提醒我:
不要只做别人的影子。
否则,你将失去自我。

当你看到别人做某事或喜欢某事时,
如果你不加思考地随波逐流,
那么你只会成为别人的影子。

让别人感到幸福的东西……
未必能让你感到幸福。

影子还提醒我:
我们的行为就像影子——
它们是我们思想的映射。
我们的思维方式决定了我们的行为方式。
如果我们只想着模仿他人,
就会一次次地重复做同样的事情。

我们的生活与幸福,
远比单纯地模仿更有价值。
"创造属于自己的幸福,偶尔,也为自己思考。"

人生苦短

这个世界上有许多至关重要的东西,
然而,有一样东西,金钱永远无法购得,
那便是时间。
一旦时光流逝,
无论你做什么,
都再无法将其追回。

时间是世间最珍贵的宝物之一。
自我们降生之时，生命的时钟便开始"嘀嗒"作响，
不曾停歇，亦无法倒转。

今日的时光，正悄然从指缝间溜走；
昨日的时光，早已消逝，再也无法追回。
正因如此，唯有当下的时光，才弥足珍贵。

"人生苦短,不该虚耗在郁郁寡欢中。"
我每日都如此告诫自己。
去完成那些真正需要去做的事。
若某件事会带来不快,那便不要去做;
若某件事已然出错,那便学会释怀。
我们此刻所做的事情,才是最重要的。

前几天，塔恩姨妈的猫离世了。
上周，图恩姨妈的猫也悄然离去。
身边的猫猫们总是在提醒我：
生命短暂。
它们的离去，仿佛是时间本身在呐喊：
"人生苦短。
若有想做的事，就趁现在去做吧。"

这也是为什么，多数猫猫在同伴离开时并不哀伤。
我好奇人类何时才能明白这一点。
为何他们听不见时间的呼喊呢？
"人生苦短，不应该耗费在追逐金钱与忧虑上。"

情绪的奴隶

这个世界上有许多可笑的事情。
但我最想讲的一个故事……
是关于人类的幸福。

如今的人类总是说,
他们热爱幸福,他们渴望幸福。
可他们口中所热爱的幸福,
却总是寄托在他人身上。
若他人不认可他们的幸福,
他们便无法独自找到幸福。

前几天,波恩姨妈的女儿普瑞,
因为有人对她不好而感到难过。
难道幸福一定要建立在别人先善待你之上吗?

而今天,荣阿姨的女儿努恩,
因为朋友们在背后议论她而心烦意乱。
难道幸福必须依赖别人不对你闲言碎语吗?

遇到有人说好话或坏话，
这难道不是再正常不过的事吗？
当人们心情好时，言语就和善；
心情不好时，言语则尖刻。
人是自身情绪的奴隶。
那我们又为何要成为情绪的奴隶呢？

仔细想想，人类真是有趣。
他们说渴望幸福，
却不悉心经营自己的幸福，
而是将决定权交予他人手中。

"为何不自己守护自己的幸福？
为何把它寄托在别人的言语之中？"

立场

给你们讲个故事吧。
昨天，我路过一个大池塘，
看见一条鱼和一只乌龟在争论，
辩论谁的本领更强。
青蛙在一旁认真听着。

鱼说自己更厉害,因为它游得更快。
青蛙听后回应道:"是的,没错。"

接着,乌龟反驳说自己比鱼更厉害,
因为它既能在陆地上生活,也能在水中生存。
青蛙再次听完后说道:"这也对。"

鱼和乌龟一起转头向青蛙抱怨：
"怎么可能两个都对？
如果一个是对的，那另一个必然是错的！"

青蛙立刻回答：
"这也是对的。"

事情就是这样。
每个人都在讲述自己认定的事实，
每个人都觉得自己是对的。
每个人都从自己的视角看世界。

在你的世界里，你认为正确的事，
显然，对你而言就是对的。
按照你自己的观点，它就是真的。
而在别人的世界里，亦是如此。
他们根据自己的视角，思考并说出自己认定的事实。

不要争论那些本不存在的绝对对错。
"有时候，接受别人的观点，
本身也是一种正确。"

完美的白纸

我曾听过一个关于幸福的故事。
故事里说,
如果有人想过上幸福的生活,
他们必须找到一张纯白的纸。
拥有它,他们便能获得一生的幸福。

于是，我决定去寻找那张白纸。
但根据传说，这张纸必须完美无瑕，
不能有任何黑点。

我翻找了成百上千张纸，
可每一张纸上都有黑点。
有些黑点很小，有些黑点很大。
这张这儿有个黑点，那张那儿有个黑点。
为什么每一张纸上都有黑点呢？

我花了好些日子寻找那张完美的白纸。
最终，我发现每一张纸，
只要仔细观察，总会发现黑点。
看得多了，我也就习以为常了。

虽然我始终没找到一张毫无瑕疵的白纸，
但我却发现了看待生活的新视角，
一个能带来幸福的视角。

一张纸上或许会有黑点，生活中或许会有不如意，
但纸的白色部分始终都在。
生活中的美好时刻也一直都在。
我们可以选择把目光聚焦在纸的白色部分。
我们同样可以选择专注于生活中的美好，
照样能找到幸福。

因为每一张白纸都在告诉我,
纸上有黑点是很常见的事。
就如同生活中既有顺境也有逆境,
有成功也有失败,
有对有错,有得有失。
这些都是生活的一部分。

"只有好事的生活是不存在的。"
寻找一张纯白的纸
就如同期待生活中只有好事发生。
即便你寻觅到生命的最后一刻,也永远不会找到。
而你呢?你在等待这样的幸福生活吗?
可那样的生活真的存在吗?

天空的秘密

我有一个关于朋友的秘密,想与你分享。

一个始终陪伴着我的朋友。

一个始终陪伴着我们的朋友。

我们的朋友,

天空。

无论何时,无论几刻,
无论我们是欢喜还是忧伤,

天空始终在那里,守护着我们。
世间万物,皆以天空为友。

当我们仰望天空,
它安抚我们的心灵,
让我们感到宁静与释然。

因为天空象征着空灵。
当我们仰望，它的空旷与辽远，
抚慰我们的灵魂，让我们学会放下纷扰的思绪。

空灵
是天空的秘密。
天空空无一物，对什么都不执着。
即使风暴咆哮、闪电划破长空、雷鸣震耳欲聋，
天空依然会归于空旷与宁静。

天空中的云朵就像我们的思绪，
不断地聚集，又不断地飘散。
无论云层如何堆积，天空终究会回归它的空旷。

云朵飘浮是自然的，
思绪升起亦是自然的。
但无论我们思考什么，
最终，我们的心灵都会回归空灵。

"念头本身,无伤大雅。
然而,对念头的执着,才是痛苦之源。"

学会放下

我是一只喜欢绿色的猫。
如果我能躺在绿油油的草地上，
或在大树上摇尾巴，
这样的日子，对我而言堪称完美。

倘若这世间没有树木，
像我这样的猫，乃至世间的人类
都将难以为继。

树木给予我们数不尽的馈赠：
润泽大地，
为万物生灵提供食物，
为飞禽走兽构筑庇护之所。

不仅如此,
树木还借由果实向我传授道理。
无论根系多么发达,
树干多么坚实,
叶片的光合作用多么高效,
总会结出一些不好的果实。

我们的生活亦是如此,
即便全力以赴,也难免会有不如意的时刻。
这便是每棵树试图向我们传达的真谛。

当季节一次次流转，树木便如期结出果实。
环绕在我们周围的树木，仿佛在默默提醒我们：
你看那枝头的果实，
有些饱满甘甜，有些却干瘪苦涩；
有些尚未成熟便坠落，有些则在完全成熟后才瓜熟蒂落。

每一颗果实的存在都只是短暂的停留。
无论它多么亮眼或多么平庸，
最终都会归于尘土。
而后，新一轮的果实又悄然萌生，如此循环往复。

至于我，只想尽力过好自己的生活。
即便结果并非总是尽如人意，也无妨。
因为好时光也好，坏时光也罢，终究会逝去。
人类真能领悟其中的道理吗？
"其实，不过是学会放下而已。"

看不见的项圈

前些日子，我外出散步时，
瞧见一只猫猫，戴着项圈与牵引绳，
正同人类一起散步。
我心生怜悯，便上前与猫猫交谈。

"嗨,你还好吗?戴着那项圈感觉如何?
为何你的主人要如此待你?"

"无妨,喵……
因为他们也戴着无形的项圈呢。
我们同属此境,所以并无大碍。"

"我的主人很爱我,
可他们同样戴着无形的项圈,连着牵引绳。
无论做什么,他们都被牵着,按指令行事。"

确实如此。
多数人类并不善于独立思考。
"我该做什么?我该喜欢什么?
什么是好的?怎样做才能得到他人夸赞?"
他们得去查看社交媒体,
紧跟最新潮流。
"所以……你们人类难道从不问问自己的想法吗?"

人类实则正被无形的信息项圈束缚着。
不信？回家瞧瞧你的衣柜。
或者打开手机，翻翻相册。

那些带着标签的名牌包包，
来自早已被遗忘的国度。
人类被无形的项圈掌控，
受舆论与营销策略的引导。

最近，一种护身符流行起来，
众人盲目追随，从不思索缘由。
这些护身符的流行趋势总是变来变去。
可有人想过，为什么它总是在变化？

接下来又是什么？大家只是一味等待新潮流出现。

猫猫或许戴着看得见的项圈，但至少我们能察觉。
人类的项圈与牵引绳却是无形的。
当他们看不见时，便不会想着去挣脱它们。

甚至在被控制时，他们都浑然不觉。
盲目地朝着被引领的方向前行。
"想想看，人类着实可怜。"

祈愿

前些日子,我路过一座庙宇。
钟声回荡,
与喃喃的祈愿声交织相融。

许多人朝着庙宇走去。
我好奇他们为何而来,便也走了进去一探究竟。

"愿我所遇皆顺遂。

愿我永保康健。

愿我所有心愿皆能成真。愿…… 愿…… 愿……"

真能这样吗……？

作为一只猫，我无法理解听到的这些。

他们所谓的"祈福"，

老实讲，

他们所祈求的真的能实现吗？

在猫看来,
世间万事都随自然之道运转。
可有谁能永远只遇好事?
有谁能一辈子永远健康?
又有谁能让自己的每一个愿望都成真?
这怎么可能……

也许正因如此,
人类才会比猫背负更多苦恼。
因为他们自欺欺人,
期待着无法实现的事。

有趣的痛苦

每个人都渴望幸福,
但幸福其实有两种。
一种会让你疲惫,另一种会让你放松。

那种需要你努力奋斗、精心营造的幸福——
所有这类幸福都令人疲惫不堪。
没错，它是幸福，却也让人筋疲力尽。
因为这种幸福依赖外部世界的给予。

而那种源于释怀、停下脚步，
躺平却仍心满意足的幸福，
不会让你感到疲惫，反而令你得以歇息。
这是从你内心深处生发的幸福。

像这种令人疲惫的幸福,
在我们猫的概念里,根本不叫幸福。
它更像是一种有趣的痛苦。

我记得很久以前,有一只猫,
它活力满满。
每天都热衷于出门,四处奔跑嬉戏。
这很有趣,却也疲惫不堪。它总是奔波不停,从不休息。
最终,它不知不觉间慢慢生病,离世而去。
有趣与幸福之间,实则有着天壤之别。

这就是为什么我们猫猫总爱睡觉,
一动不动,保持平静。
因为在这些时刻,我们是幸福的。
幸福也许无须付出任何额外的努力,它源自内心。

从一只长期与人类共处的猫的视角来看,
人类似乎很容易陷入痛苦。
这是一种自认为享受的痛苦——
人类错把这种痛苦当作幸福。
这种令人疲惫的快乐,
为何仍被称为幸福呢?

"亲爱的人类啊,
把痛苦误认作幸福,才是人类最大的悲哀。"

因果法则

说实话,在你的人生里,
是否有过让你深感惊讶的事?
我觉得没有。
即便你坚持说有,像我这样的猫也不愿相信。

因为在我看来,
世界上有数十亿的人口,
每天我们在手机上就能读到浩如烟海的文章。
这世间无论谁遇到了什么事,
在这几百年间,
很可能都有人经历过了。

许多人感到痛苦,
皆因那些无法预料的变故。
然而万事皆有可能,
又怎会真的无法预料?

"一切众生,
从出生到逐渐衰老,
终归在最后走向死亡。
一切皆由因果所生。"

两千多年前便开示过的这些道理,
可人类为何却迟迟不愿理解,
也不愿预见这些事终将发生呢?

"会发生的终会发生,
不会发生的也无须强求,
所有发生之事都有其应然之理。"
这就是因果的自然法则。

"世间没有什么
是完全无法预料的,
只是你是否选择接受它罢了。"

如果一件事已然发生,连猫都能坦然面对。
那人类为何偏偏放不下?
别再在苦海中挣扎,唯有学会接受,才能真正解脱。

悲伤的种子

我知道,无人喜欢悲伤。
然而,每个人都在不知不觉中播撒着悲伤的种子。
他们每日悉心浇灌的种子,
终将不可避免地长成悲伤之树。

这悲伤的种子,
我们称之为……幸福。

千真万确。
幸福是悲伤的种子。
因为从我们执着于幸福的那一刻起,
它便开始慢慢变成悲伤。

幸福本身并不会让人痛苦。
是对幸福的执着
才会让幸福变成悲伤。
我们越是执着于幸福,就越是痛苦。

因为那些带给我们幸福的事物并不恒久。
它们无法一成不变地让我们永远快乐。

新事物很快就会变成旧事物。
健康的身体也许有一天会生病。
我们所爱的人,
终有一天会离我们而去。
"不管是什么让你感到幸福,一旦你执着于此,
就要做好准备,迎接随之而来的悲伤。"

幸福可以依旧纯粹,
也可能转变为悲伤。
这完全取决于我们对它的执着程度。

大多数猫并不会执着于任何事物。
它们也不具备执着的本能。
如果它们真要"死磕",那可就太愚蠢了。
谨记我的警示,喵。

记忆与感受

你知道吗……
为何猫猫的生活如此轻松自在?
它们"喵喵"叫,梳理毛发,
蜷起身子,然后安然入睡。

原因很简单:
猫猫不会把事情复杂化。
我们不依赖记忆,而是遵循当下的感受。
感受到什么,就去做什么。
猫猫相信自己的感受。

然而人类总是执着于记忆、旧习,
以及那些刻骨铭心的过往。
记忆如影随形,扭曲了他们的思绪。
原本简单纯粹的生活,也因此变得纷繁复杂。

就算你曾历经坎坷,
或遭受过心碎之痛,
也并不意味着生活就必将永远艰难。

当下那份简单而平和的感受,
比往昔的回忆,更值得珍惜。

"莫因过往之痕,
而失今朝之乐。"

平常之事

今日,心中满是安适,只想整日慵懒地闲卧着。
昨日,亦是这般悠然自得。
想来明日,大抵也会延续这份宁静与惬意。

猫猫的生活,每日都浸透着平和。
只因我们始终铭记着一个简单的真谛:
名为"平常之事"的真理。

这纷繁的世界,蕴藏着无数的真理。
猫猫或许无法尽知所有,
但我们知晓其中一个——
"平常之事"的真理。

在猫猫的世界里,
没有大事小事的分别,
没有问题与机遇的对立,
亦没有绝对的对与错。
一切的发生,皆是自然而然的平常。

"平常之事"的真谛，
在于万事万物皆自然而生，顺天应命。
没有什么值得惊异，
没有什么能够震撼心灵。
所有的一切，都不过是平常的演绎。

有果必有因。
世间并无偶然。
一切都循着它应有的轨迹，自然地铺陈开来。

道理就是这般质朴。
"当你领悟到诸事皆平常，
又何苦为那些平常之事而愁绪满怀呢？"

摄魂相机

小时候,
我和妈妈去看了一场露天电影。
那部电影让我害怕极了,
因为它讲的是一台能摄取灵魂的相机。

妈妈笑着安慰我:
"宝贝,那是假的呀,
相机才不会吸走人的灵魂呢。"

时光如飞,岁月流转。
"嗯……妈妈,
我想告诉您,
如今这世界已发展到,
相机真的能'摄走'人的灵魂了。"
人们好似失了心智,拍照拍个不停。

现代的相机,或是性能优良的智能手机,皆是如此——
拍得越多,便越难停下。

一旦有人拿起相机开始拍摄,就会不停地按下快门,
仿佛不拍照,生命便缺少了呼吸的动力。

吃饭前,总要先拍张照片。
旅行时,他们或许无暇欣赏那美丽的风景,
只因都在忙着拍照留念。

即便在健身或做其他事情时,
也不忘拍照留念。

在当下,这已然是司空见惯之事。
这些相机仿佛真的吸走了人类的灵魂。
一旦开始拍照,
他们注定会不停地拍,直到手指僵硬。
他们拍照,就像在追逐某种无形的奖杯。

的确如此。
我们拍照，本是为了留存记忆。
可细细想来，这不是很奇怪吗？
因为最终，
我们对那个瞬间的记忆，
只剩下拍照的过程。

内心的感受远比照片更加美好动人。
有时候，过于执着于捕捉画面，
反而忽略了当下的感受。

"或许，珍惜感受，
比珍惜照片更有趣。"

一首曲子

它如此美妙,令人心旷神怡。
即便我身为一只猫猫,
也喜爱聆听音乐和旋律。
这能让我的心灵得到放松。

自古以来,
人类便对歌曲与音乐钟爱有加。

音乐起源于自然之声的交融。

雨滴轻敲水面,
微风拂过竹林,
鸟儿彼此呼唤,
青蛙在空心的木头里发出低沉的"呱呱"声。

聆听这些自然之音,倍感放松,
于是人类尝试制作乐器,
模仿那些声音。
如此,音乐与歌曲便应运而生,
自此成为听众心灵的慰藉。

音乐为何能让我们放松?
身为猫猫的我,对此深感好奇。

当我们感到放松时,
意味着此前曾有过紧张,
对某事过于认真,对思绪有所期待。
我们过分专注于思考。

聆听音乐需要用心去感受。
当我们听到音乐,
注意力便从思绪中抽离,
转向感受,
于是我们得以放松。

感受是生活的重要部分。
若想要悠然自得地生活，
切勿让思绪掩盖了感受。

聆听音乐，就如同倾听自己的感受。
不要过于沉溺于外界的声音，
以至于忘却了内心的乐章——你自己的感受。

"仔细聆听，你心中的幸福乐章已然奏响。
幸福，就是这么简单。"

适量饮酒

从前,
有个猎人走进森林,去采集一些可以售卖的东西。
归途中,他经过森林深处的一处池塘。

池塘位于一棵大树之下,
常有果实落入水中。
年复一年,随着果实不断坠落,
那普通的池水竟渐渐变成了酒。

猎人品尝了一口这酒水，
立刻为之倾倒，并带了一些回家。
一只猴子跟在他身后，想知道这东西是不是真的能喝。

猎人回到家后，
与朋友们一起畅饮，直至酩酊大醉。
完全失去了理智。

猴子目睹了这一切，跑回森林。
当它看到其他动物正要喝那池中的"酒"时，
大声呼喊警告它们：
"别喝！这水被诅咒了！
就连人类
喝了这水也会变成野兽。
大家别喝！千万别喝！"
从那天起，再也没有动物敢喝那"酒"了。

那天,我听到了这个故事。
是一只老乌龟讲给我听的。
这就是酒的起源,
在动物之间代代相传。

"对动物而言是诅咒之水,
对人类来说却是心头之好。"
从古代的酒水开始,
人类创造出了无数种类的酒精饮品。

适量饮酒确有益处,此言不虚。
但过量饮酒必然有害,
它会一点一点侵蚀我们的理智。

如今,人类爱饮酒庆祝。
"庆祝"一词意为致敬或表达喜悦。
但在他们的庆祝活动中,他们却瓦解着自己的理智。

像我这样的猫永远无法理解。
"为了顺应社会习俗而喝酒倒也罢了,但为什么要把这归咎于庆祝呢?喵……"

阳光

哎呀……喵，阳光刺痛了我的双眼。
要是猫也能戴上太阳镜，那该多好。

在这样阳光明媚、晴空万里的日子，
无论我怎样眯起双眼，
都无法躲避阳光的炙热。

阳光，
就像世间万物一样，
既有好处，也有坏处。

太阳为地球带来光明，
让我们得以看见，
给予我们温暖，
维持平衡，
滋养树木的生长。
没有阳光，生命将不复存在。

然而，有些生物不喜欢光亮。
它们只在黑暗中出没，
比如蝙蝠和猫头鹰。

有些人类也不喜欢阳光，
他们害怕阳光。
"哦不……我的皮肤会变黑！"
"哦不……我的脸会晒伤！"
"哦不……太热了！"

是这些人反应过度，
还是阳光真的有害呢？

事实上,
阳光只是太阳发出的光。
那些从中受益的人说它好,
而那些没有受益的人则说它不好。
是好是坏,取决于人们通过自己的理解感知到的得失。

世间万物,包括我们自己,皆是如此。
不要让别人定义你,
也不要急于评判自己。
一切皆有利弊。

"就连有缺点的猫也不会为此烦恼,
那么人类为何要如此在意自己臆想中的缺点呢?"

看不见的事物

对于你看不见的事物,你有什么见解?
我是指我们的想法——
它们是我们看不见的东西。

从一只猫的角度来看,
那些看不见的东西毫无意义。
因为我们看不见它们。
像我这样的猫,
只关心那些我们能亲眼看见、
能直接感受到的东西。

那些看不见的东西,只有当我们陷入对自己思绪的执着时,
才会变得明晰起来。

"凭空想象,执着于此,
还为此忧心忡忡。一切皆是徒劳无益。"
这便是看不见的东西的本质。

在猫的世界里，
我们根据所见而活。
因为光是眼前的事情就已经够多了。
为什么还要去担忧……
那些看不见的东西呢？

人类把幸福弄得如此复杂。
光是对看得见的东西保持警惕还不够——
他们还要担忧那些看不见的东西。
这难道不是太多虑了吗？我是认真在问。

为内心的思绪而烦忧,
又对眼前所见之物充满恐惧——
这便是人类的真实状态。

看不见的东西只是脑海中的思绪,
它们或许会成为现实,或许只是空想。
为何不选择活在当下,
专注于眼前的事物呢?
因为当下这一刻,才是最真实的存在。

"恐惧和担忧……
如果事情还没有发生,为何要赋予它意义呢?
待事情真的来临,再去恐惧也不迟。"

"没有"二字

"没有"这两个字,是人类最为惧怕的事物之一。
他们对此恐惧至极,以至于我常常听到人们虔诚祈祷:
"恳请让我永远不要陷入'一无所有'的境地。"
这般祈祷,我已听过无数次。

然而,"没有"也自有其益处。
当我们没有某样东西时,
便无须为它担心。

当我们拥有了某样东西,
我们会因而心生欢喜;
但同时也会开始忧心忡忡,
因为我们害怕失去这份拥有。

拥有任何东西,都会伴随着快乐与哀愁。
这就是拥有的真实写照。

可像我这样的猫猫,拥有的东西并不多。
"当无所拥有时,便无所担忧。
一无所有带来的那份幸福——其实也很不错呢。"

言语

喵,喵,喵……
在我身为猫猫的生命里,
无论心中思绪如何翻涌,无论多么渴望诉说,
从我口中发出的,唯有那声声"喵呜"。

人类的语言则不同,
它能够进行细致而深入的交流。
世间万物,大小诸事——
皆能以言语清晰阐述、娓娓道来。

然而,这能够诠释万物的言语,
恰似一柄双刃剑。
当言辞温柔友善,它便闪耀着积极的光辉。
当话语尖酸刻薄,它则露出消极的锋芒。
正因如此,人类需要谨慎言辞。

猫猫无须为言语而烦忧,
因为我们只会"喵喵"叫。
我们的生活简单纯粹,不依赖于复杂的语言。
心中的想法,无论好坏,皆默默藏于心底,
无法借由语言来传达。

但无论人类在说话时多么谨小慎微,
仍难免有人对他们的言语心生不满。

说到底,语言仅仅只是语言而已。
它所带来的影响是积极还是消极,
是有益还是有害,
并不完全取决于说话者本身。
还取决于听话的人如何解读。
若有人不喜欢你的善意之言,那它们也会被视为"恶语"。
若有人喜欢你的尖刻之语,那它们也能被当作"良言"。

倘若我们心怀善意,那说出的话语自然饱含温情。
无须刻意练习说动听的话,只需心怀善念即可。

"话语的善恶评判,在于听话者的解读,
而非仅仅取决于说话者的言辞。
所以,很多时候,少说为妙。"

何为幸福?

树叶于微风中婆娑摇曳,
四季更迭,时光如流。
而我的猫生,始终如一。

今日,我见到一群小鸡亦步亦趋地跟在鸡妈妈身后,寻觅食物。
这场景太过寻常,我早已司空见惯。
大大小小的小鸡紧紧簇拥着母鸡,
有的步履蹒跚,有的相互轻撞,
更有调皮的小鸡彼此嬉戏。
然而,每一只小鸡的神态间,都洋溢着满满的幸福。

对于我们这些动物而言,
幸福,其实就这般简单纯粹。

幸福无须等到成功后才能拥有。
它,就在当下,实实在在。
幸福也无须盛大的庆典来彰显。
它,早已悄然融入生活。
这种平凡质朴的幸福,不正是生活的本真吗?
可为何对人类来说,
幸福却显得如此难以企及呢?

幸福究竟为何物？

这是一个没有定论的问题。

无论答案是什么，都没有对错之分。

幸福，因人而异，独一无二。

你的幸福，无须与他人趋同，

他人的幸福，亦不必与你相仿。

幸福，源自内心的满足。

对于我们猫猫而言，

幸福往往有着相似的模样。

我们为生命的存在而感恩，为美食的滋养而愉悦，为安稳的睡眠而舒心，

更为拥有健康的体魄而庆幸。

这些看似平常的小事，却能带给我们无尽的欢乐。

这便是我们猫猫总能轻易邂逅幸福的缘由。

像我这样的一只猫猫，想要阐释幸福的真谛……
着实有些棘手。
无论你是人类，还是动物，
对幸福的渴望，皆深植于内心。
那又何必将幸福复杂化呢？
何必让幸福变得模糊斑驳而遥不可及？
追根溯源，不就是为了拥抱幸福吗？

幸福，可以是你心中的任何美好憧憬，
但请别让它变得高不可攀。
对简单的事物知足常乐，幸福自会不期而至。
"人类虽能深思熟虑，但莫让内心的满足变得过于艰难。
人生仅此一次，愿你能更轻松地寻得幸福的踪迹。"

身边挚爱

我有一个耐人寻味的故事要分享。
这故事关乎当今社会的一种怪象,
与我们生命中的"身边挚爱"紧密相关。

"身边挚爱",
涵盖了我们的家人以及挚友。
在生活的漫漫长路中,真正能称之为挚爱的人,寥寥无几。
唯有那些曾与我们同甘共苦的人,
才配得上"挚爱"这一称谓。

对于猫猫而言,
越是亲近的人,在心中的地位便越高。
我们会将他们置于首位,悉心呵护。
他们的身影时刻萦绕在我们的脑海,
只因他们是与我们最为亲密无间的人。

如今人类的行为，着实令人感到诧异。
他们常常忽略身边的挚爱之人，
却对那些远方的泛泛之交，关怀备至。
他们总是优先将尊重与关爱，倾注于那些远在天边的熟人身上。

而像家人这般挚爱之人，
往往被置于次要地位，得不到应有的珍视，
总是被搁置一旁，
要等到妥善照顾好远方的熟人后，才会被想起。

然而，倘若我们同时失去一位挚爱之人
和一位泛泛之交，
我们会为谁而感到痛心疾首呢？
答案不言而喻：自然是挚爱之人。

不要等到失去了身边挚爱才追悔莫及。
说到底，人生本就充满了离别，
为何不从当下开始，珍惜关爱身边挚爱之人呢？
我是怀着诚挚之心，郑重地提醒你。

家

今天，我有了一个新家，值得好好炫耀一番。
那个旧的橙色盒子已经被我抓得破烂不堪，
而我的新家，是一个更大的箱子。

世间万物，皆需一方安身之所。
猫猫有属于自己的小窝，人类有温馨的家园，
每个生灵都有一个称之为家的地方。
无论是人类的房子、鸟儿的巢，还是猫的纸箱，
家，是我们归来休息的港湾。

但你是否知道？
无论我们拥有多少房子，
无论我们拥有多少土地，
我们真正的栖居之所，只有一个地方——
那便是我们的内心。
那里，住着我们的快乐与悲伤。

当我们沉浸于喜悦之中,那份欢愉在心底荡漾。
当我们被悲伤笼罩时,那份哀愁也在心底蔓延。

无论我们的房子多么华丽，
无论我们的土地多么广阔，
如果我们的内心不快乐，
这些拥有都毫无意义。
它们无法带给我们幸福。
我们应该悉心呵护真正的家园——
我们的心。

有些人类的行径着实令人费解。
他们热衷于购置大量房产，圈占大片土地。
资金不足时，甚至四处举债。
一旦无力偿还，便陷入痛苦的泥沼，难以自拔。

像我这样的猫猫，即便拥有多个舒适的小窝，
还有许多我钟爱的纸箱，
我也始终铭记这个真理：

唯一真正重要的家园，
是我们内心的那片天地。
请用心呵护你的心灵，它才是你真正的归宿。

工作

今天,我有一张长长的待办事项清单。
我已经把它安排得井井有条。
虽然任务繁多,
但我一定会全部完成。

上午
1. 和小鸡们一起散步
2. 收集树叶做床
3. 爬上树,欣赏风景
4. 小睡

下午

5. 找点零食
6. 去小溪喝水
7. 小睡

晚上
8. 再找点零食
9. 送小鸡们回家
10. 小睡

我想做的事情，或许看似琐碎，
但每项任务都有一个重要的核心：
以平和宁静之心，从容付诸行动。

人类需要钱。
他们必须通过工作来赚钱。
但人类应该始终牢记,
他们最需要优先考虑的,
是拥有平和的心态。

即使工作繁重或问题重重,
我们也可以先选择平和的心态,然后再继续前行。

压力被称为"心灵之压"是有原因的。
它与工作无关,
而与我们的心态息息相关。

工作中的问题，归属于工作范畴。
内心的焦虑不安，源自心灵深处。
　二者界限分明，不可混淆。
不要让你的内心背负工作的重担。

　职场生涯更是如此，
无论你历经多少岁月的拼搏，
工作中总会存在些许瑕疵与失误。

　"坦然接纳工作中的不完美，
　它便不再是困扰你的难题。"
无论你做什么，都要从平和的心态开始。

过桥

当河流奔腾时,
桥便显得不可或缺。

生活中的许多时刻……
恰如过桥一般。

桥拱的弧度,
映照出生活中挑战的难度。

问题越棘手,桥拱的弧度就越陡;
问题越简单,桥拱的弧度就越平坦。

你看那个人——
他正推着一辆手推车过桥。
携带的东西越多,
过桥所需的力气也就越大。

这些负载可以比作
我们给自己施加的条件。
条件越多,前行就越艰难。

对于像我这样的猫来说,
过桥很简单,
一点也不复杂。

我只是径直走过,
欣赏着鸟儿和风景。
我不用担心任何事情,只需走过桥。

桥可能很陡，也可能很平缓，
但它终究只是一座桥，
不过是生活中需要面对的一个问题而已。
当没有条件或负担时，
无论你怎么走，都能轻松过桥。

无论困难还是容易，关键不在于桥，
而在于你背负了多少。

即使你是一个满脑子条件和规则的人，
当你面对一座桥，或者一个问题时，
在过桥之前放下负担，不是更好吗？
"如果你不想在一只猫猫面前丢脸，
那就先放下那些条条框框，而后再全力去解决问题吧。"

硬币的两面

前些天,我看到一只小鸡躺在那里哭泣。
我想,或许是有什么让它感到不开心了。
于是,我给了它一枚硬币,并给它讲了一个故事,
关于为什么硬币总是有两面不同的图案。

很久以前,
硬币的两面是完全相同的。
无论你从哪一面看,
看到的都是完全一样的图案。

为了向猫族揭示生活的真相,
一位猫神施展了魔法,让硬币不再有相同的两面。
从那天起,
每一枚硬币都有了不同的两面。

硬币代表着我们遇到的事情。
无论发生什么，
总会有另一面、另一个角度可以选择。
关键在于我们自己
从哪一面去看。

如果我们从失去的一面看，就会感到悲伤；
如果我们从获得的一面看，就会感到喜悦。

生活中的每一段故事，都有美好的一面值得我们去探寻。
无论是幸福的时刻，还是悲伤的瞬间，
如何去看待，皆由我们自己主宰。

已经发生的事情无法改变，
但我们可以选择以怎样的心态去看待它。
这就是为什么，面对同样的情况，
有些人会满心惆怅，而有些人却能泰然处之。

你可曾思索过，为何当我们深陷困圄时，
他人却依然能够保持乐观的心境？

硬币就摆在眼前，例子也明明白白。
如果你选择只看到悲伤，那又能怪谁呢？

"莫要在尚未选择一个积极的视角之前，便让自己沉溺于痛苦的深渊。
也莫要一味地归咎于已然发生的事情，
却忘了反思自己，为何没有尝试换一种眼光去看待。"

可爱的孤独

今天,小鸡不在,
只剩下我孤身一人。
我独自散步,独自做事,
独自进食。
我在孤独中度过了一整天。

在这孤独的感觉中，
我重逢了一位久违的挚友。
一位许久未曾亲近的朋友，
它的名字叫作"自我"。

自我，是一个极为奇妙的存在。
有时候感觉它如此熟悉，
有时候它又像一个陌生人。
有时候我们甚至觉得，
我们完全不了解自己。

独处的时光,
是认识和深入了解自我的绝佳机会。
我们为什么那么做?
我们为什么那么说?
这些皆是我们自己的所为,只需静下心来反思,问问自己。

很多时候，我们的思绪如脱缰之马，
导致我们的行为举止与真实的自己大相径庭。
最终，我们自己的鲁莽举动，
给自己和他人都带来了诸多烦扰。

因此，我们应当抽出时间，倾听内心的声音并予以回应。
切莫只是一味地盯着手机，或是无所事事地打发时光，
直至沉沉睡去。

每只猫猫都深谙自己的本性。
人类看似无所不知，
然而对于自己最应了解的"自我"，却知之甚少。
这也正是猫猫们常常私下议论人类的原因：
"他们自以为通晓万物，却唯独不了解自己。"

后记

幸福的概念难以精准界定。
同样毋庸置疑的是,
幸福并无固定的模式。

因为幸福只是一种感觉;
一种令人身心放松、内心宁静的感觉;
一种无须思索任何纷扰之事的感觉;
一种能让我们的心灵充盈且满足的感觉。

因此，幸福更侧重于感受，
而不是行为。

"不要只是模仿他人的行为，
而忽略了去体会幸福的感觉。"

很多时候，在模仿行为的过程中，
我们并没有真正感受到幸福。

那种刻意营造的幸福，
是带着带着疲惫感的幸福。
它更多的是为了满足我们的欲望，而不是真正的幸福。

既然幸福是一种内心的感觉，
我们才要关注内心的感受，
而不是通过行动来营造幸福。
有时候，甚至无须做任何事情。

"什么都不做……
我们就能感到幸福。"

因为幸福是一种内在的感受，
你无须做任何事，
幸福感便油然而生。

无须模仿他人，什么也不用做，
幸福就已经在那儿了；
无须愤怒，什么也不用做，
幸福就已经在那儿了；
无须制造麻烦，什么也不用做，
幸福就已经在那儿了；
无须为彼此设限，什么也不用做，
幸福就已经在那儿了。

"无须任何条件的幸福，
才是内心的幸福——
真正的幸福。"

幸福,并非遥不可及。
幸福,无须强求。
长久以来,我们都对幸福的本质存在误解。

真正的幸福,源于内心的觉察与感悟。"